Surjeet Singh Dhaka

Cultivo de algodão orgânico na Índia: Cenário atual e perspectivas

Surjeet Singh Dhaka

Cultivo de algodão orgânico na Índia: Cenário atual e perspectivas

ScienciaScripts

Cover image: www.ingimage.com

This book is a translation from the original published under ISBN 978-3-659-87413-0.

Publisher:
Sciencia Scripts
is a trademark of
Dodo Books Indian Ocean Ltd. and OmniScriptum S.R.L publishing group

120 High Road, East Finchley, London, N2 9ED, United Kingdom
Str. Armeneasca 28/1, office 1, Chisinau MD-2012, Republic of Moldova, Europe
Managing Directors: Ieva Konstantinova, Victoria Ursu
info@omniscriptum.com

Printed at: see last page
ISBN: 978-620-8-52042-7

ÍNDICE

RESUMO EXECUTIVO

O algodão cultivado sem a utilização de quaisquer produtos químicos compostos sinteticamente (ou seja, pesticidas, reguladores de crescimento, desfolhantes, etc.) e fertilizantes é considerado algodão "orgânico", mas não pode ser reivindicado como orgânico a menos que seja certificado como orgânico por agências de certificação autorizadas, de acordo com as especificações e regulamentos da Global Organic Textile Standards (GOTS).

O estudo foi realizado com o objetivo de encontrar perspectivas futuras para a cultura biológica do algodão na Índia, com benefícios económicos sustentáveis e elevados padrões de vida para as comunidades produtoras de algodão.

O projeto "Produção de algodão orgânico na Índia: Current Scenario and Prospects" baseou-se numa investigação descritiva / formulativa. O objetivo era recolher informações preliminares que ajudassem a definir problemas e a sugerir hipóteses. Quatro dos principais estados produtores de algodão biológico, Madhya Pradesh, Maharashtra, Gujarat e Punjab, foram tomados como área de estudo. O projeto foi realizado para cumprir os objectivos especificados do estudo. Em primeiro lugar, foram recolhidos dados secundários sobre a área, a produção de fibras e sementes de algodão orgânico através do Organic Textile Exchange Farm and Fibre Report 2012. Os relatórios anuais de organizações internacionais e indianas sobre produtos de algodão orgânico e o seu crescimento no mercado foram estudados para avaliar o cenário do mercado.

Após a análise, foram obtidas conclusões como a de que a Índia é o primeiro produtor de algodão biológico, com 68% da produção mundial total. Os resultados concluíram que o cultivo de algodão em agricultura biológica é mais rentável do que a agricultura convencional (no Punjab, o custo médio de cultivo por acre de algodão foi de₹ 5427 e₹ 12455, respetivamente, em agricultura biológica e convencional. A diferença média entre os rendimentos líquidos por acre da agricultura biológica e da agricultura convencional foi de₹ 1935. Nas condições de Gujarat, os custos médios de cultivo por acre foram ₹9906 e₹ 12088, respetivamente, no âmbito da agricultura biológica e da agricultura convencional, sendo o custo de cultivo por acre quase 22% superior no âmbito da agricultura convencional).

Em 2011, as vendas a retalho de produtos de algodão orgânico foram de 6,8 mil milhões de dólares, ultrapassando a estimativa do relatório do ano passado de 6,2 mil milhões de dólares. Se o crescimento continuar ao mesmo ritmo, o mercado atingirá os 8,9 mil milhões de dólares em 2012-13. Os líderes do mercado mundial no sector do algodão orgânico são a H&M, a C&A, a Nike, *etc.* As agências de certificação do algodão orgânico estão a trabalhar em todo o mundo e na Índia com o objetivo de manter a credibilidade do algodão orgânico no mundo, criar um sentido de responsabilidade social e, por último, mas não menos importante, a norma estende-se desde a colheita do algodão até ao vestuário.

Todo o estudo tem uma abordagem descritiva e baseia-se em dados secundários, pelo que pode ser utilizado como referência para a investigação descritiva. Podem ser implementadas outras investigações relacionadas com a cultura de algodão biológico na Índia em termos económicos, meios de subsistência das comunidades de produtores de algodão, mercados internacionais emergentes para a Índia em matéria de têxteis biológicos e domínios conexos.

CAPÍTULO 1. INTRODUÇÃO

1.1 Uma visão geral da agricultura biológica

1.1.1 Agricultura biológica

A agricultura biológica é um sistema holístico de gestão da produção que promove e melhora a saúde dos agro-ecossistemas, incluindo a biodiversidade, os ciclos biológicos e a atividade biológica do solo. Dá ênfase à utilização de práticas de gestão em vez da utilização de factores de produção externos à exploração, tendo em conta que as condições regionais exigem sistemas adaptados localmente. Isto é conseguido através da utilização, sempre que possível, de métodos agronómicos, biológicos e mecânicos, em oposição à utilização de materiais sintéticos para cumprir qualquer função específica dentro do sistema (FAO, 2012).

1.1.2Conceito de agricultura biológica

A agricultura biológica é muito própria desta terra. Quem tentar escrever uma história da agricultura biológica terá de referir a Índia e a China. Os agricultores destes dois países são agricultores de 40 séculos e foi a agricultura biológica que os sustentou. Este conceito de agricultura biológica baseia-se nos seguintes princípios:

o A natureza é o melhor modelo para a agricultura, uma vez que não utiliza quaisquer factores de produção nem exige quantidades excessivas de água.

o Todo o sistema se baseia na compreensão íntima das formas da natureza. O sistema não acredita na extração dos nutrientes do solo e não o degrada de forma alguma para as necessidades actuais.

o O solo neste sistema é uma entidade viva.

o A população viva de micróbios e outros organismos do solo contribui de forma significativa para a sua fertilidade numa base sustentada e deve ser protegida e alimentada a todo o custo.

o O ambiente total do solo, desde a estrutura do solo até à sua cobertura, é mais importante.

1.1.3Definições

De acordo com a definição da equipa de estudo do USDA sobre agricultura biológica, "a agricultura biológica é um sistema que evita ou exclui largamente a utilização de factores de produção sintéticos (tais como fertilizantes, pesticidas, hormonas, aditivos alimentares, etc.) e que, na medida do possível, se baseia em rotações de culturas, resíduos de culturas, estrume animal, resíduos orgânicos não agrícolas, aditivos minerais de rocha e sistemas biológicos de mobilização de nutrientes e proteção das plantas".

De acordo com a Federação Internacional dos Movimentos de Agricultura Biológica (IFOAM) (2012) , a definição de Agricultura Biológica é a seguinte: "A agricultura biológica é um sistema de produção que sustenta a saúde dos solos, dos ecossistemas e das pessoas. Baseia-se em processos ecológicos, na biodiversidade e em ciclos adaptados às condições locais, em vez da utilização de factores de produção com efeitos adversos. A agricultura biológica combina tradição, inovação e ciência para beneficiar o ambiente comum e promover relações justas e uma boa qualidade de vida para todos os envolvidos".

A definição de agricultura biológica da IFOAM acima referida baseia-se em quatro princípios, que são os seguintes

a) O princípio da saúde: A agricultura biológica deve manter e melhorar a saúde do solo, das plantas, dos animais, dos seres humanos e do planeta como um todo indivisível.

b) O princípio da ecologia: A agricultura biológica deve basear-se nos ciclos ecológicos vivos, trabalhar com eles, imitá-los e ajudar a sustentá-los.

c) O princípio da equidade: A agricultura biológica deve assentar em relações que garantam a equidade no que respeita ao ambiente comum e às oportunidades de vida.

d) O princípio do cuidado: A agricultura biológica deve ser gerida de forma preventiva e responsável para proteger a saúde e o bem-estar das gerações actuais e futuras e o ambiente.

1.2Algodão - um candidato ideal para a agricultura biológica

O algodão, uma cultura de clima quente, é essencialmente produzido pela sua fibra, que é uma matéria-prima para a produção de fio de algodão na indústria têxtil. O algodão é um membro da ordem Malvales, família Malvaceae, género *Gossypium*, composto por 50 espécies selvagens e cultivadas, das quais apenas quatro são cultivadas à escala comercial no mundo. *G. hirsutum* e *G. barbadense* representam cerca de 95% e 3% da produção mundial, respetivamente, enquanto *G. arboreum* e *G. herbaceum* representam cerca de 2% da produção mundial.

O algodão, a cultura de fibras mais importante da Índia, desempenha um papel dominante na sua economia agrária e industrial. É a espinha dorsal da nossa indústria têxtil, sendo responsável por 70% do consumo total de fibras no sector têxtil e por 38% das exportações do país, que representam mais de₹ 42000 crores. A área cultivada com algodão na Índia

(7,6 milhões de hectares) é a mais elevada do mundo, ou seja, 25% da área mundial, e emprega sete milhões de pessoas.

Os seguintes factores favorecem a promoção da agricultura biológica do algodão:

1) Elevados níveis de aplicação de pesticidas: Atualmente, cerca de 46% dos pesticidas produzidos na Índia são aplicados no algodão, que ocupa apenas 5% da área cultivada. Em termos absolutos, o consumo médio de pesticidas é de 3,25 kg de ingrediente ativo por hectare de cultura de algodão. Enquanto vastas áreas de algodão de Gujarat, MP e Maharashtra recebem muito menos pesticidas, a sua taxa de aplicação é elevada em Haryana, Punjab, AP, Karnataka e Tamil Nadu. Apesar da utilização intensiva de pesticidas, um controlo insatisfatório dos parasitas é frequentemente a principal razão para a baixa produtividade. Com estratégias de gestão de pragas baseadas no biocontrolo, bem demonstradas e apreciadas pelos agricultores, o algodão tornou-se uma escolha natural para a gestão biológica de pragas. Todos os anos, 150000 - 250000 toneladas de pesticidas de qualidade técnica são aplicadas no ecossistema do algodão em todo o mundo e é mais do que tempo de inverter esta tendência para um melhor ambiente para a nossa geração futura.

2) Pressão dos consumidores: Os consumidores estão cada vez mais preocupados com o impacto ambiental dos seus estilos de vida e padrões de consumo e estão dispostos a pagar um preço mais elevado por vestuário ecológico. Para promover práticas agrícolas benignas para o ambiente, os consumidores estão a forçar a comunidade comercial a evocar barreiras não pautais para impedir a importação de fibras contaminadas.

3) Grande variabilidade genética: Com quatro espécies cultivadas e várias raças domesticadas e uma série de variedades e híbridos intra/interespecíficos, o algodão oferece uma enorme variabilidade genética. Estão disponíveis várias cultivares com capacidade de compensação, baixa necessidade de fertilizantes e tolerância a pragas de insectos, que se enquadram no sistema de produção biológico.

4) Trata-se de uma cultura de longa duração com amplas possibilidades de compensação: O algodão é um semi-xerófito e uma planta anual forçada com um hábito de crescimento indeterminado. A sua capacidade de produzir repetidos fluxos em resposta às pressões de pragas e ao fornecimento de humidade/nutrientes é vantajosa para minimizar as perdas de rendimento em condições orgânicas. Devido à sua duração solitária, há muito tempo disponível para assimilar produtos finais mineralizados disponibilizados a partir de fontes orgânicas lentamente disponíveis. A sua capacidade de absorver formulações de nutrientes aplicadas por via foliar é superior à de muitas outras culturas.

Estes mecanismos fisiológicos naturais fazem do algodão um precursor da agricultura biológica.

5) A gestão das pragas é um risco importante na cultura do algodão: A moderna tecnologia de produção de algodão depende fortemente da utilização de fertilizantes e de produtos químicos para controlar pragas de insectos, doenças, ervas daninhas e reguladores de crescimento. A utilização de produtos químicos a esta escala causa muitos riscos para o homem, ou seja, poluição ambiental, saúde do solo e agro-ecologia, bem como uma fraca rentabilidade na cultura do algodão. Este facto levou basicamente à procura de algodão ecológico ou "verde", cultivado organicamente. À procura de uma solução fiável e ressonante para mitigar os problemas de proteção da cultura do algodão contra os herbívoros das pragas nocivas, recorreu-se ao IPM. No entanto, a crença prevalecente era que as modulações na escolha, nas concentrações e no momento da pulverização de vários insecticidas químicos poderiam ser o principal meio de GIP. Assim, a proteção desta cultura com base em produtos químicos floresceu durante mais de duas décadas, a partir dos anos sessenta.

6) Proteção fitossanitária comunitária (cooperativas): A tomada de decisões sobre as melhores e mais adequadas medidas para melhorar a eficiência das operações de proteção fitossanitária é possível quando toda a região geográfica, uma aldeia ou um grupo de aldeias, conforme o caso, tomam medidas a este respeito. Um programa harmonioso de gestão de pragas só pode ser desenvolvido através da integração de métodos de supressão biológicos, químicos e culturais, para além dos esforços de cooperação dos agricultores, do pessoal de extensão e de investigação de todas as instituições da região.

7) Conversão para a agricultura biológica - requisitos essenciais: O manual da FEDERAÇÃO INTERNACIONAL DO MOVIMENTO DE AGRICULTURA BIOLÓGICA (IFOAM), bem como o manual do Codex Elementar da União Europeia, fornecem os princípios essenciais para a conversão das explorações agrícolas em explorações biológicas a partir do cultivo convencional. A AGRICULTURAL PRODUCTS EXPORT DEVELOPMENT AUTHORITY (APEDA) do Ministério do Comércio, Governo da Índia, também formulou normas semelhantes às da IFOAM. A conversão é um processo de desenvolvimento de um agro-ecossistema viável e sustentável.

1.3 Objetivo do estudo

"Descobrir as perspectivas futuras da agricultura biológica do algodão na Índia, com benefícios económicos sustentáveis e elevados padrões de vida para as comunidades de produtores de algodão".

1.4 Objectivos do estudo

O projeto **"Produção de algodão orgânico na Índia: Current Scenario and Prospects"** foi atribuído para cumprir os seguintes objectivos

1. Estudar a situação atual do algodão biológico no mundo e na Índia

2. Análise da eficiência económica da cultura do algodão biológico na Índia

3. Estudo do sector do algodão biológico na Índia e no estrangeiro

4. Panorama das agências de certificação e dos respectivos serviços envolvidos no algodão biológico na Índia e no estrangeiro

CAPÍTULO 2. REVISÃO DA LITERATURA

Lampkin (1994) resumiu vários estudos realizados sobre a economia da agricultura biológica em diferentes culturas no Sul e Oeste de Inglaterra e em partes da Escócia e do País de Gales. Concluíram que os sistemas de agricultura biológica eram mais diversificados em termos de combinação de empresas, tinham rendimentos mais baixos e custos de mão de obra mais elevados, que não eram totalmente compensados pela redução dos custos dos factores de produção. Os preços mais elevados/premium são essenciais para que os agricultores biológicos possam obter rendimentos semelhantes aos dos seus homólogos convencionais.

Padel e Uli (1997) analisaram vários estudos sobre os custos e rendimentos da agricultura biológica em várias culturas na Alemanha. O seu estudo revelou que a agricultura biológica nas condições alemãs era igualmente rentável do que a agricultura convencional. Os rendimentos mais baixos das culturas arvenses foram compensados pela redução dos custos dos factores de produção e pelos preços mais elevados da maioria das culturas. A introdução de regimes de apoio à conversão e à continuação da agricultura biológica teve também um impacto significativo na rendibilidade.

Dubgaard (1999) estudou a análise económica da agricultura biológica na Dinamarca. Os seus resultados mostraram que as diferenças de rendimento eram mais notórias nas culturas intensivas, como o trigo e a batata, com rendimentos biológicos de cerca de metade das médias convencionais. O estudo concluiu igualmente que os prémios substanciais sobre os preços de produção e o apoio público são essenciais para a viabilidade económica da agricultura biológica na Dinamarca.

Tzouvelekas, Pantzios e Fotopoulos (2002) efectuaram um estudo sobre os níveis de eficiência técnica na agricultura biológica e convencional grega. O estudo concluiu que a agricultura biológica é tecnicamente mais sólida do que a agricultura convencional devido à sua natureza sustentável e económica.

John (2004) analisou as várias experiências de campo efectuadas com a agricultura biológica no Canadá. Muitas explorações de amostragem registaram rendimentos iguais ou ligeiramente inferiores aos das explorações convencionais. Apesar de existirem alguns problemas de regulamentação do mercado no caso dos produtos biológicos, os seus preços eram mais elevados (cerca de 30%) do que os dos produtos convencionais. Globalmente, o estudo concluiu que 72% dos agricultores estavam convencidos de que a agricultura biológica é tão rentável como a convencional.

Frank, Paul e Mahesh (2005) estudaram o impacto da cultura de algodão biológico nos meios de subsistência dos pequenos agricultores (dados do projeto MaikaalbioRe na Índia central). Concluíram que a cultura de algodão biológico melhora os meios de subsistência dos agricultores, que a agricultura biológica tem potencial para uma utilização mais sustentável dos recursos naturais, que a cultura de algodão biológico reduz a vulnerabilidade global das famílias de agricultores e que o comportamento oportunista de alguns agricultores e a queda inicial dos rendimentos são os principais desafios.

Shirsagar (2008) estudou o impacto da agricultura biológica na economia do cultivo da cana-de-açúcar em Maharashtra. O estudo baseou-se em dados primários recolhidos em dois distritos, abrangendo 142 agricultores, 72 dos quais cultivavam cana-de-açúcar biológica (OS) e 70 cultivavam cana-de-açúcar inorgânica (IS). Os resultados concluíram que a agricultura biológica proporcionou lucros 15,63% superiores aos da agricultura biológica.

NagesharaRao (2009) concluiu, no seu estudo sobre o comércio de produtos biológicos na Índia, que o aumento da procura de produtos biológicos, nomeadamente em resultado das maiores preocupações dos consumidores em matéria de segurança e qualidade, gera oportunidades comerciais para os países em desenvolvimento.

Raj kumar (2009) analisou os aspectos económicos da cultura da cenoura no Nepal e verificou que os custos e as receitas eram mais elevados nas explorações agrícolas inorgânicas, ao passo que nas explorações biológicas se observava um rácio custo-benefício mais elevado.

SuryaDadhich (2009) estudou a análise global do negócio dos têxteis orgânicos e a visão geral dos organismos de certificação envolvidos nos têxteis orgânicos e concluiu que se espera um crescimento contínuo dos têxteis de algodão orgânico durante os próximos anos. A taxa de crescimento será afetada por uma cadeia de abastecimento equilibrada e pela forma como os retalhistas e as marcas, os fornecedores e os agricultores que se dedicam aos produtos biológicos desenvolvem produtos de boa qualidade e obtêm benefícios económicos, sociais e ambientais. Os organismos governamentais são os influenciadores mais adequados para garantir a relevância e a qualidade dos rótulos dos produtos sustentáveis.

Kumara e Biswas (2010) estudaram questões como a economia e a eficiência da agricultura biológica em relação à agricultura convencional na Índia. Para analisar a eficiência dos sistemas agrícolas, foi utilizado um modelo baseado na análise não paramétrica da envolvente dos dados (DEA). Os resultados económicos das culturas revelaram uma resposta mista. Globalmente, conclui-se que o custo unitário de produção é mais baixo na agricultura biológica no caso das culturas de algodão e cana-de-açúcar, ao passo que o mesmo é mais baixo na agricultura convencional no caso das culturas de arroz e trigo. A análise de eficiência DEA efectuada em diferentes culturas indicou que os níveis de eficiência são mais baixos na agricultura biológica do que na agricultura convencional, em relação às respectivas fronteiras de produção. Os resultados concluem que existe uma ampla margem para aumentar a eficiência das explorações agrícolas biológicas.

CAPÍTULO 3. METODOLOGIA DO PROJECTO

3.1 Área de estudo

O estudo foi efectuado nos principais Estados produtores de algodão biológico da Índia.

o Madhya Pradesh

o Maharashtra

o Gujarat o Punjab o Rajasthan

3.2 Recolha de dados

3.2.1 Fonte de dados

O estudo baseou-se em dados secundários.

Fonte secundária

As fontes de dados secundários incluíram diferentes projectos de investigação, estudos de casos, literatura do Projeto Nacional sobre Agricultura Biológica e portais Web relacionados com o tema.

3.3 Abordagem de estudo

Todo o estudo tem uma abordagem descritiva e um tipo de investigação formulativa. O objetivo era recolher informações preliminares que ajudassem a definir problemas e a sugerir hipóteses.

Investigação descritiva

↓

Dados secundários

↓

Projectos / Investigações

3.4 Análise dos dados

Análise dos dados obtidos através de análise tabular, incluindo ferramentas de gestão adequadas. O projeto foi realizado para cumprir os objectivos especificados no estudo. O procedimento adotado é apresentado a seguir, de acordo com os objectivos:

3.4.1 Estudar a situação atual do algodão biológico no mundo e na Índia

Dados secundários relativos à área, produção de fibra e semente de algodão orgânico foram recolhidos através do Organic Textile Exchange Farm and Fibre Report 2012. Isto assegurou uma imagem clara do cenário atual do algodão orgânico na Índia e no mundo.

3.4.2 Análise da eficiência económica da cultura do algodão biológico na Índia

Com base em diferentes investigações e estudos de caso, estes foram efectuados na Índia para a agricultura biológica do algodão. Inclui a parte económica e de eficiência do projeto.

Estimativa das eficiências técnicas totais, técnicas puras e de escala Em geral, existem duas abordagens para medir as estimativas de eficiência de uma empresa, ou seja, a abordagem paramétrica e a abordagem não paramétrica. A abordagem paramétrica implica a especificação e a estimativa de uma função de produção paramétrica. Os modelos não paramétricos, geralmente conhecidos como modelos de análise envoltória de dados (DEA), baseiam-se em técnicas de programação matemática. A DEA é uma técnica de programação linear que utiliza dados sobre entradas e saídas para construir uma fronteira de produção de melhores práticas sobre os pontos de dados. A superfície da fronteira é construída através da solução de uma sequência de problemas de programação linear (um para cada empresa da amostra). A eficiência de uma empresa é medida em relação à eficiência de todas as outras empresas, sujeita à restrição de que todas as empresas estão na fronteira ou abaixo dela. A abordagem DEA tem as seguintes vantagens principais:

(a) Não requer a assunção de uma forma funcional para especificar a relação entre entradas e saídas.

(b) Não requer a assunção da distribuição dos dados subjacentes.

(c)Pode incorporar facilmente múltiplas entradas e saídas.

(d) Fornece meios para decompor a eficiência técnica total em eficiência técnica pura e eficiência de escala.

As pontuações de eficiência técnica podem ser obtidas através da execução de um modelo DEA de retornos constantes à escala ou de um modelo DEA de retornos variáveis à escala. As pontuações de eficiência técnica obtidas a partir do modelo DEA de rendimentos constantes à escala são designadas por eficiência técnica total e as obtidas a partir do modelo DEA de rendimentos variáveis à escala são designadas por eficiência técnica pura.

A eficiência de escala pode ser obtida residualmente a partir das pontuações de eficiência técnica do SIR e do SRV, do seguinte modo SE= TE_{CRS} / TE_{VRS}

SE= 1 indica eficiência de escala ou retorno constante à escala (CRS) e SE <1 indica ineficiência de escala. As ineficiências de escala surgem devido à presença de retornos crescentes à escala ou de retornos decrescentes à escala. As pontuações de eficiência técnica total, técnica pura e de escala neste estudo foram estimadas utilizando o programa informático DEAP.

CRS- TE (Rendimentos constantes à escala) - (Eficiência técnica)

RVS-TE (Rendimento variável da escala) - (Eficiência técnica)

SE (Eficiência de escala)

3.4.3 Estudo do sector do algodão biológico na Índia e no estrangeiro

Com base nos relatórios anuais de organizações internacionais e indianas sobre a atividade dos produtos de algodão orgânico e o seu crescimento no mercado.

3.4.4 Panorama das agências de certificação e dos respectivos serviços envolvidos no algodão biológico na Índia e no estrangeiro

Trata-se simplesmente de uma panorâmica das agências de certificação que prestam serviços de certificação do algodão biológico e mantêm as normas a nível mundial.

CAPÍTULO 4. RESULTADOS E ANÁLISE

Os resultados do estudo são apresentados e discutidos no presente capítulo nos seguintes subcapítulos:

4.1 Estudar a situação atual do algodão biológico no mundo e na Índia

4.2 Análise da eficiência económica da cultura do algodão biológico na Índia

4.3 Estudo do sector do algodão biológico na Índia e no estrangeiro

4.4 Panorama das agências de certificação e respectivos serviços envolvidos no algodão biológico na Índia e no estrangeiro

4.1 Estudar a situação atual do algodão biológico no mundo e na Índia

4.1.1 Cenário mundial do algodão orgânico

a) O ano em números 2010-11

> 151 079 Toneladas métricas (t) de fibra produzidas em 2010-11

> 0,7% da produção mundial de algodão

> **Redução de 37% em relação à produção do ano anterior**

> **68% produzido na Índia**

> 20 países que cultivam algodão biológico

> 2/3 países aumentaram a produção em relação ao ano anterior

> 324 577 ha quantidade de terras certificadas como biológicas

> 218.966 agricultores de algodão biológico certificados

b) A produção de algodão biológico registou uma queda acentuada (37%).

Há quatro razões principais para a queda:

> A crescente crise das sementes, resultado de um domínio cada vez maior do algodão geneticamente modificado

> A continuação da incerteza económica, que faz baixar os preços, põe em perigo a viabilidade da cultura do algodão biológico

> Requisitos de registo e rastreio mais rigorosos na Índia

> Algumas empresas estão a mudar de programas estabelecidos, como o biológico e o comércio justo, para iniciativas mais recentes que oferecem um ponto de entrada mais

baixo e nenhum prémio de preço de mercado

c) Tendências da produção

> A produção global de algodão biológico em 2010-11 registou uma quebra de 37% (ou seja, menos 90 618 toneladas).

> A Índia, a Síria, a China, a Turquia e os EUA foram os cinco principais produtores em 2010-11.

> A Índia continua a ser o primeiro produtor de algodão biológico pelo quarto ano consecutivo

> Ano (produzindo 68% do total global).

> A produção na Índia registou uma quebra de 48% (de 195 412 para 102 452 toneladas de fibra).

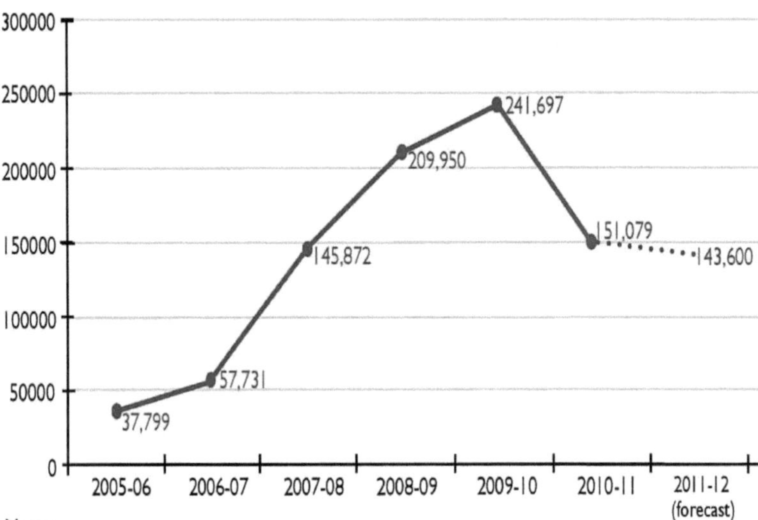

Figura 1: Tendência da produção de fibra (pluma) de algodão orgânico (tm)

Fonte: Relatório sobre a exploração agrícola e as fibras de 2012 da Textile Exchange

A produção mundial de fibra de algodão biológico por país é apresentada no quadro 1.

Quadro 1: Produção mundial de fibras orgânicas

País	Toneladas métricas	Repartição percentual	Aumento/diminuição
Índia	**102,452**	**67.81%**	**(48%)**
Síria	16,000	10.59%	(20%)
China	12,385	8.20%	188%
Turquia	9,613	6.36%	(17%)
EUA	2,893	1.92%	3%
Tanzânia	2,723	1.80%	3%
Egito	907	0.60%	36%
Mali	846	0.56%	56%
Quirguizistão	836	0.55%	907%
Peru	618	0.41%	(26%)
Paquistão	438	0.29%	27%
Uganda	336	0.22%	(78%)
Burquina Faso	252	0.17%	(15%)
Benim	229	0.15%	53%
Paraguai	150	0.10%	38%
Israel	130	0.09%	(13%)
Tajiquistão	125	0.08%	129%
Brasil	91	0.06%	1,832%
Nicarágua	42	0.03%	153%
Senegal	14	0.01%	(49%)
Total	**151,079**	**100%**	**(37%)**

Fonte: Textile Exchange Farm and Fibre Report 2012 (Aqui "()" denota Diminuição)

d) Produção mundial

O quadro 2 mostra um total de 324 577 ha de terras declaradas como estando sob produção biológica por agricultores de algodão biológico, uma redução de 30 por cento em relação aos 460 973 ha do ano passado.

Quadro 2: Produção mundial de algodão biológico por região em 2010-11

Região	Área de produção de algodão biológico (ha)	Produção de algodão em caroço (t)	Produção de fibras (fiapos) (t)	Fardos de fibra de algodão (lint)
África	30,381	11,750	4,400	20,196
China	5,400	29,786	12,385	56,847
*EMANA & CA	32,215	77,034	27,611	126,732
América Latina	1,908	2,307	901	4,137
Ásia do Sul	249,886	308,606	102,890	472,263
EUA	4,787	8,738	2,893	13,280
Total	324,577	438,220	151,079	693,454

Fonte: Textile Exchange Farm and Fibre Report 2012, * EMANA&CA - Ásia Oriental, Média Ásia, América do Norte e Ásia Central

O quadro 3 dá uma indicação da gama de rendimentos registada nas regiões de algodão biológico. De um modo geral, as variações de rendimento orgânico entre países reflectem os padrões do algodão convencional, sendo as médias normalmente mais baixas para a produção orgânica (a média global para o algodão convencional em 09-10 foi de 741 kg/ha, USDA). As médias de rendimento orgânico tendem a ser reduzidas pelos baixos rendimentos registados pelos agricultores em zonas marginais. Os "projectos" de algodão biológico estão por vezes localizados nas zonas de cultivo mais difíceis, uma vez que os projectos de algodão biológico são desenvolvidos para apoiar uma agricultura com poucos factores de produção (além de fornecerem alimentos através da rotação, etc.). Por conseguinte, é importante reconhecer a posição de partida de alguns produtores e os benefícios adicionais dos sistemas de cultivo do algodão biológico.

Quadro 3: Análise do número de agricultores, produção de fibras, utilização das terras e rendimento médio para 2010-11

Região	Número de agricultores	Área de produção de algodão biológico (ha)	Produção de fibras (fiapos) (t)	Rendimento médio Fibra (Kg/ha)	Gama Rendimento Fibra (Kg/ha)
África	18,898	30,381	4,400	145	117 - 296
China	2,180	5,400	12,385	2,293	1,012-2,520
*EMANA & CA	2,581	32,215	27,611	857	237- 1,757
América Latina	1,552	1,908	901	472	227 - 828

Ásia do Sul	193,715	249,886	102,890	412	392 - 500
EUA	40	4,787	2,893	604	142-612
Total	218,966	324,577	151,079	465	

Fonte: Textile Exchange Farm and Fibre Report 2012, * EMANA&CA - Ásia Oriental, Média Ásia, América do Norte e Ásia Central

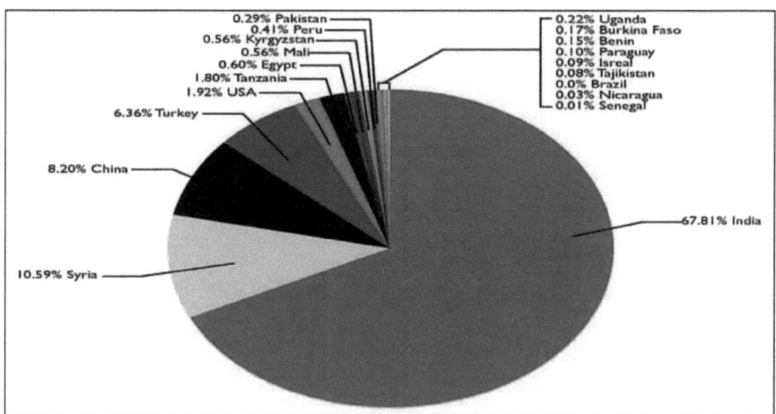

Figura 2: Repartição da produção de algodão biológico em 2010-11

Fonte: Relatório sobre a exploração agrícola e as fibras de 2012 da Textile Exchange

4.1.2 Cenário do algodão orgânico indiano

O algodão biológico indiano continua a fazer sentir a sua presença. O crescimento inicial foi muito forte, pela primeira vez em três anos, desde que a Índia ultrapassou a Turquia em 2006-2007 e se tornou o líder mundial. O crescimento de 2007 a 2010 foi alimentado por uma combinação de razões e trouxe consigo vários desafios: oferta/procura, preço, perfil das partes interessadas e questões regulamentares. Neste contexto, seria apropriado dizer que o ano de 2010-11 foi um ano decisivo para o algodão orgânico na Índia A velha história do algodão orgânico em seu "avatar" como uma cultura certificada por terceiros cresceu com esperança e aspirações que se estendiam além do mero comércio. Chegou a um ponto de viragem, que inevitavelmente trouxe à tona várias questões para todas as partes interessadas.

O quadro 4 mostra a situação do algodão biológico na Índia em termos de área, produção de algodão em caroço e produção de fibras por Estado.

Quadro 4: Produção de algodão biológico da Índia em 2010-11

País	Estado	Área de produção de algodão biológico (ha)	Produção de algodão em caroço (t)	Produção de fibras (fiapos) (t)
Índia	Andhra Pradesh	3,871	4,783	1,594

	Gujarat	15,292	18,894	6,298
	Haryana	526	650	217
	Karnataka	339	418	139
	Madhya Pradesh	133,812	165,325	55,108
	Maharashtra	63,476	78,424	26,141
	Odisha	13,284	16,412	5,471
	Rajastão	18,167	22,445	7,482
	Tamil Nadu	4	5	2
	Total	248,771	307,356	102,452

Fonte: Relatório sobre a exploração agrícola e as fibras de 2012 da Textile Exchange

4.2 Análise da eficiência económica da cultura do algodão biológico na Índia

Este objetivo foi analisado com base em diferentes projectos relacionados com a agricultura biológica do algodão na Índia. Um estudo foi realizado pela Agrocel Pvt Ld. em Punjab e Gujarat para analisar a eficiência económica da agricultura biológica do algodão.

4.2.1 Cobertura da amostra

O estudo escolheu uma amostra aleatória de quinze agricultores biológicos por Estado. Foram também entrevistados quinze agricultores convencionais e biológicos por Estado, na mesma vizinhança, para obter dados sobre a economia das culturas. Foi desenvolvido um questionário bem concebido, pré-testado e administrado a estes agricultores, cuja distribuição em ambos os Estados é apresentada no quadro 5.

Quadro 5: Distribuição dos agricultores da amostra biológica

Estado	**Punjab**	**Gujarat**
Distrito	Faridkot e Fatehgarh Sahib	Kutch
Taluka	Jaito, Fatehgarh Sahib	Rapar
Aldeias	Dabrikhana, Chaina, Randhawa, Badhou Chikalan, Satabgarh	Kedianagar, Bhutakya, Padampar

Fonte: Relatório Agrocel 2008

Os trinta agricultores biológicos identificados para o estudo, provenientes de dois estados, eram completamente biológicos. A maioria deles transformou e adoptou a agricultura biológica em todas as suas terras agrícolas. Mas uma fração dos agricultores da amostra estava a fazê-lo estritamente numa parte das suas terras agrícolas. No entanto, todos os agricultores estavam a seguir práticas biológicas em todas as rotações de culturas ou ao longo do ano. Os métodos de agricultura biológica variam de estado para estado e de local para local. A conveniência do agricultor, a disponibilidade de recursos, a participação da mão de obra familiar e os preços premium das colheitas foram os factores que mais influenciaram a adoção da agricultura biológica. Os detalhes do perfil socioeconómico dos agricultores biológicos da amostra estão resumidos na tabela 6. A principal ocupação da maioria dos agricultores da amostra (96%) era a agricultura. Cerca de 60% dos agricultores da amostra dependiam da pecuária como fonte secundária de rendimento. Cerca de um sexto dos agricultores da amostra depende de negócios, enquanto quase a mesma proporção também trabalha em serviços para obter rendimentos adicionais. Em geral, quase 20% dos agricultores da amostra eram analfabetos. A proporção de agricultores analfabetos era mais elevada no caso de Gujarat do que no de Punjab. A maioria dos agricultores (43,3%) tinha apenas o ensino primário, ou seja, até à 10ª classe. A dimensão média da família era a mais baixa no caso de Gujarat. A maior parte das famílias dos agricultores da amostra são nucleadas no caso do Estado de Gujarat. A dimensão média da propriedade fundiária era a mais elevada no Punjab, seguida do Gujarat. A natureza do solo na região de Kutch era arenosa, com um potencial limitado de irrigação com água subterrânea, enquanto os solos do Punjab são maioritariamente de tipo aluvial.

Quadro 6: Dados socioeconómicos dos agricultores biológicos (números)

Item	Punjab	Gujarat
Atividade principal		
a. Agricultura	15	14
b. Serviço	0	1
Ocupação secundária		
a. Pecuária	7	10
b. Actividades	3	0
c. Serviço	5	0
d. Nenhum	0	5
Estatuto académico		
a. analfabeto	2	7
b. até à 10ª classe	5	8
c. até ao grau	4	0
d. até P.G	4	0
Outro cargo, se for caso disso		
a. Sim	10	13
b. Não	5	2
Tamanho médio da família	7.9	6.0
Exploração média da terra (acre)	28	16.8
Tipo de solo	Aluviais e negros	Sandy

Fonte: Relatório Agrocel 2008

4.2.2 Economia da cultura do algodão no Punjab

Os pormenores económicos da agricultura biológica de algodão em relação à agricultura convencional estão resumidos no quadro 7. Muitos dos agricultores biológicos da amostra estão a cultivar a variedade Desi de algodão, enquanto os agricultores convencionais estão a cultivar variedades de algodão Bt. O custo de produção por quintal de algodão na agricultura biológica foi ₹662, ao passo que na agricultura convencional foi de₹ 1112. O custo de produção da agricultura biológica foi quase 40% inferior ao da agricultura convencional. O custo médio de cultivo por acre de algodão foi de₹ 5427 e₹ 12455, respetivamente, na agricultura biológica e convencional. Existe uma grande diferença de₹ 7028 (66%) entre estes tipos de agricultura. O rendimento médio por acre da agricultura biológica foi de 73% da agricultura convencional. A realização do preço unitário do algodão foi quase a mesma em ambos os sistemas de produção. O retorno bruto total por acre da agricultura orgânica foi de 72% da agricultura convencional. Mas, no caso dos retornos líquidos por acre, a quota aumentou até 90 por cento. A diferença média entre os rendimentos líquidos por acre da agricultura biológica e da agricultura convencional foi de₹ 1935. Isto demonstra claramente a elevada eficiência da agricultura biológica de algodão em comparação com a agricultura convencional no Punjab.

Quadro 7: Economia da cultura do algodão no Punjab (₹por acre)

Dados	Agricultura biológica	Agricultura convencional
Preparação do terreno	967	850
Custo das sementes	125	1250
Custo da sementeira	150	125
Custo dos fertilizantes	333	2250
Intercultura/Semeadura	1332	650
Custo de proteção das plantas	33	4550
Custos de irrigação	380	150
Custo da colheita	1967	2500
Custo da debulha	0	0
Custo de marketing	140	130
Outros custos	0	0
Custo total da cultura	5427	12455
Rendimento (Kg)	825	1125
Preço ( )₹	28	28.5

Forragem (Quintal)	0	0
Preço ( )₹	0	0
Receitas totais	23100	32063
Rendimentos líquidos	17673	19608
Custo de produção (por quintal)	662	1112

Fonte: Relatório Agrocel 2008

Entre os vários componentes dos custos, os custos de intercultivo / monda e irrigação foram mais elevados na agricultura biológica. No entanto, os custos com sementes, fertilizantes e produtos químicos fitossanitários foram significativamente mais elevados na agricultura convencional.

Na verdade, o principal problema para a agricultura biológica do algodão era a falta de preços de prémio.

O estabelecimento de canais de exportação de algodão biológico, quer pelo governo quer por organizações privadas, aumentaria efetivamente os rendimentos dos agricultores do Punjab. Os resultados revelam claramente que os agricultores biológicos podem obter, com segurança, margens líquidas por hectare quase iguais às dos agricultores convencionais.

4.2.3 Economia da cultura do algodão em Gujarat

A repartição pormenorizada dos custos de cultivo do algodão em Gujarat é apresentada no quadro 8. A maior parte dos agricultores biológicos da amostra cultivava a variedade Devraj, enquanto muitos dos agricultores convencionais cultivavam o algodão Bt ou a variedade V-797. O custo de produção do algodão por quintal foi de₹ 784 na agricultura biológica. O custo de produção foi quase 10 por cento mais elevado na agricultura convencional. O rendimento médio por acre da agricultura biológica representou 90% do mesmo rendimento na agricultura convencional. Os custos médios de cultivo por acre foram₹ 9906 e₹ 12088, respetivamente, na agricultura biológica e na agricultura convencional, sendo o custo de cultivo por acre quase 22% mais elevado na agricultura convencional. A realização do preço unitário na agricultura biológica foi 25% superior à da agricultura convencional. Os rendimentos brutos por hectare foram 13% mais elevados na agricultura biológica do que na agricultura convencional, mas, no caso dos rendimentos líquidos por hectare, esta diferença foi maior (₹ 7187). De um modo geral, os resultados concluem que o cultivo de algodão em agricultura biológica é mais rentável do que a agricultura convencional. Entre os diferentes componentes dos custos, os custos dos fertilizantes e dos produtos químicos fitossanitários foram significativamente mais baixos na agricultura biológica do que na convencional. Os agricultores biológicos da região de estudo estão a usufruir dos benefícios da Agrocel Industries sob a forma de insumos de qualidade e custos de comercialização zero.

Quadro 8: Economia da cultura do algodão em Gujarat (₹por acre)

Dados	Agricultura biológica	Agricultura convencional
Preparação do terreno	939	1600
Custo das sementes	206	281
Custo da sementeira	443	375
Custo dos fertilizantes	1586	2675
Intercultura/Semeadura	1946	1800
Custo de proteção das plantas	110	478
Custos de irrigação	1161	1291
Custo da colheita	3515	3525
Custo da debulha	0	0
Custo de marketing	0	63
Outros custos	0	0
Custo total da cultura	9906	12088
Rendimento (Kg)	1263	1400
Preço ( )₹	35	28
Forragem (Quintal)	0	0
Preço ( )₹	0	0
Receitas totais	44205	39200
Rendimentos líquidos	34299	27112
Custo de produção (por quintal)	784	863

Fonte: Relatório Agrocel 2008

De um modo geral, as conclusões acima resumem que a agricultura relativamente biológica é um sistema de produção com uma produtividade pouco inferior, que necessita de mais mão de obra e de menos energia e que tem um nível de rendimento líquido variável em função dos preços unitários de venda dos produtos.

4.2.4 Eficiência da cultura do algodão biológico

As explorações da amostra consideradas neste estudo estão a enfrentar diferentes tecnologias de produção. De acordo com a revisão de vários estudos (Mayen et al.,2010 e Funtanillaet al., 2009), uma classificação de eficiência técnica mais elevada de uma exploração agrícola da amostra em relação à sua congénere significa que, em média, a primeira está mais próxima da sua fronteira de produção específica do que a sua congénere da amostra está da respectiva fronteira de produção. Cada observação consiste no valor bruto da produção por hectare como produto (Y) e nos custos de quatro factores de produção. Trata-se do custo por hectare das sementes (X1), dos fertilizantes (X2), dos pesticidas (X3) e da intercultura/sementeira (X4). Uma vez que os custos de preparação da terra, sementeira, irrigação, colheita, debulha e comercialização não variaram significativamente entre as explorações biológicas e convencionais, não foram incluídos na análise de eficiência.

i. Eficiência da cultura do algodão no Punjab

O resumo das eficiências técnicas e de escala das explorações de algodão no Punjab é apresentado no quadro 9. Contrariamente às conclusões anteriores, as eficiências técnicas e de escala médias foram mais elevadas nas explorações biológicas (relativamente às suas fronteiras de produção) do que nas explorações convencionais. A maioria das explorações biológicas da amostra foi classificada entre 75 e 100, enquanto muitas explorações convencionais da amostra se situavam entre 51 e 75. Os valores mínimos de eficiência técnica e de escala também foram mais elevados na agricultura biológica.

Quadro 9: Distribuição de frequências das eficiências técnica e de escala das explorações de algodão no Punjab

Eficiência %	Agricultura convencional (n= 4)			Agricultura biológica (n= 4)		
	CRS-TE	VRS-TE	SE	CRS-TE	VRS-TE	SE
<25 %	0	0	0	0	0	0
26-50	0	0	0	0	0	0
51-75	75	0	75	25	0	25
75-100	25	100	25	75	100	75
Máximo (%)	100	100	100	100	100	100
Mínimo (%)	58.3	-	58.3	60.3	-	60.3
Média (%)	69.5	100	69.5	90.1	100	90.1

Fonte: Relatório Agrocel 2008

ii. Eficiência da cultura do algodão em Gujarat

O quadro 10 apresenta as estimativas das medidas de eficiência técnica orientadas para os factores de produção, específicas da exploração, para ambos os métodos de cultivo. O valor médio da eficiência técnica orientada para os factores de produção é de 88,2% para as explorações biológicas e de 76,9% para as explorações convencionais, segundo o modelo CRS. Assim, as explorações convencionais podem ser consideradas, em geral, como tecnicamente mais eficientes do que as explorações convencionais.

Quadro 10: Distribuição de frequências das eficiências técnica e de escala das explorações de algodão em Gujarat

Eficiência %	Agricultura convencional (n= 4)			Agricultura biológica (n= 14)		
	CRS-TE	VRS-TE	SE	CRS-TE	VRS-TE	SE
< 25 %	0	0	0	0	0	0
26-50	0	0	0	7.2	0	7.2
51-75	25	0	25	42.8	0	42.8
75-100	75	100	75	50.0	100	50.0
Máximo (%)	100	100	100	100	100	100
Mínimo (%)	76.9	-	76.9	88.2	-	88.2

Fonte: Relatório Agrocel 2008

De um modo geral, os resultados económicos das culturas concluíram que o custo unitário de produção é inferior na agricultura biológica no caso do algodão (tanto em Gujarat como no Punjab). A exposição a mais acções de formação, bem como o aumento da orientação técnica, permitiriam aumentar a produtividade e a eficiência das explorações biológicas na Índia.

A análise da rentabilidade entre o algodão biológico e o algodão convencional dá-nos um sinal positivo para seguirmos a agricultura biológica. Esta apresenta vantagens económicas, ecológicas e sanitárias em relação ao algodão convencional/químico. No quadro 11, podemos ver a comparação entre o custo do algodão biológico e do algodão químico.

Quadro 11: Agricultura biológica vs. agricultura convencional no algodão

Particularidades	Algodão Bt com produtos químicos	Híbridos orgânicos com irrigação	Desi orgânico com água da chuva
Lavoura	₹700 -₹ 1,000	₹700 -₹ 1,000	₹700 -₹ 1,000
Sementes	₹2,000 -₹ 2,400	₹1,000 -₹ 1,400	₹300 -₹ 400
Mão de obra de sementeira	₹500 -₹ 700	₹500 -₹ 700	₹500 -₹ 700
Fertilizantes químicos	₹5,000 -₹ 7,000	-------------	-------------
Pesticidas químicos	₹5,000 -₹ 6,000	-------------	-------------
Estrume de quinta	-------------	₹2,000 -₹ 2,500	₹800 -₹ 1,000

Fosfato de rocha	-------------	₹500 -₹ 1,000	-------------
Biopesticidas	-------------	₹1,000 -₹ 1,500	-------------
Mão de obra de pulverização	₹3,000 -₹ 4,000	₹1,500 -₹ 2,000	-------------
Monda	₹2,000 -₹ 2,500	₹2,000 -₹ 2,500	₹2,000 -₹ 2,500
Irrigação / gotejamento	₹2,000 -₹ 2,500	₹2,000 -₹ 2,500	-
Seleção	₹5,000	₹5,000	₹5,000
Encargos de mercado (@ 250 por quintal)	₹2,000 -₹ 2,500		
Total	₹27 000 -₹ 33 600	₹16,200 -₹ 20,100	₹9,300 -₹ 10,800
Rendimento médio	8 - 10 quintais	6 - 7,5 quintais	3,5 - 5 quintais
Rendimento bruto	₹32.000 -₹ 40.000	₹24.000 -₹ 30.000	₹14.000 -₹ 20.000
Resultado líquido	De um prejuízo de₹ 1.600 para um lucro de₹ 13.000	₹3,900 -₹ 13,800	₹3,200 -₹ 10,700

Fonte: Estimativas fornecidas pelos agricultores de Maharashtra e Madhya Pradesh

Verificou-se que o algodão biológico tem benefícios económicos em termos de dinheiro, em comparação com o algodão Bt ou o algodão convencional.

4.3Estudo do sector do algodão biológico na Índia e no estrangeiro

4.3.1 A cadeia têxtil

O fluxograma seguinte mostra toda a cadeia têxtil, desde o algodão em bruto até ao produto final e, finalmente, à exportação.

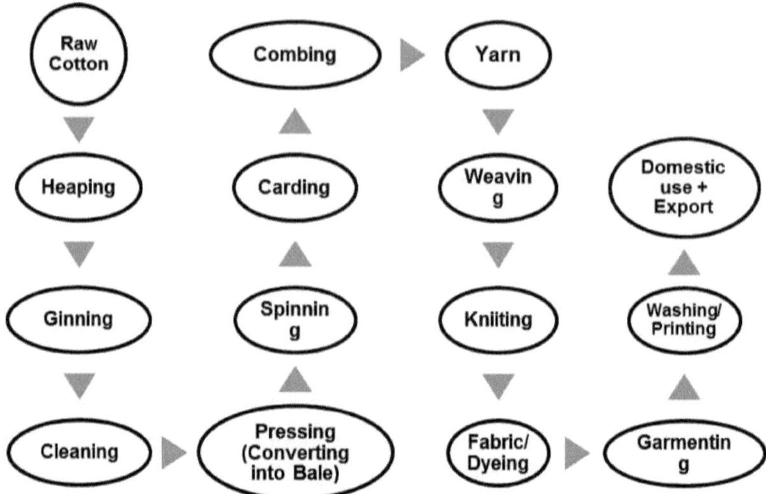

Figura 3: Cadeia têxtil

- 60-65 por cento de perdas ocorreram entre o descaroçamento e a limpeza
- Ocorreu uma perda de 3-5% entre o processo de tricotagem e o processo de tingimento do tecido
- Perda de 10-14% entre a confeção e a lavagem/impressão
- Ocorreram perdas de 2-3% durante a exportação

Durante os últimos cinco anos, o mercado do algodão biológico registou um bom ritmo e uma forte expansão a nível do comércio retalhista, do fabrico e da agricultura. Para responder a esta procura crescente, muitas marcas e retalhistas, fabricantes e agricultores entraram neste mercado. A procura de fibra de algodão biológico por parte dos fabricantes aumentou de 5 720 toneladas métricas em 2000 para 97 050 toneladas métricas em 2010.

4.3.2 Mercado do algodão orgânico

O ano de 2010-11 foi um período excecionalmente volátil no comércio de produtos de base para o algodão. Este facto teve claramente influência no preço de mercado e no comércio do algodão biológico. A elevada volatilidade dos preços fez com que o algodão convencional fosse vendido a um preço mais elevado do que o biológico nalguns períodos de pico de compras. O resultado foi também a venda de uma quantidade significativa de algodão biológico no mercado do algodão convencional.

a) Preços do algodão orgânico em 2010-11

Embora as cadeias de valor do algodão biológico sejam mais transparentes do que as do algodão convencional na maior parte dos aspectos, as "parcerias" mais estabelecidas tendem a divulgar os preços e a partilhar abertamente as suas políticas comerciais. As "parcerias" mais estabelecidas tendem a divulgar os preços e a partilhar abertamente as suas políticas comerciais; no entanto, a maior parte do comércio ainda funciona de acordo com as regras da oferta e da procura. Nos últimos anos, uma quantidade considerável de fibra de algodão orgânico indiano tem sido comercializada com uma diferença de poucos cêntimos em relação ao algodão convencional. Isto não é um problema quando os preços são favoráveis, mas é um problema quando os preços do algodão convencional mal cobrem os custos de produção.

Quadro 12: Preços de mercado do algodão orgânico e convencional 2010-11

Região	**País**	**Algodão**	**Preço de mercado ($)**	
			Fibra ($ /kg)	**Fibra ($ /lbs.)**
África		Orgânico (intervalo)	2.23 -3.33	1.10 -1.51
	Benim	Orgânico	3.11	1.41
		Convencional	2.44	1.11
	Mali	Orgânico	3.33	1.51
	Tanzânia	Orgânico	2.23	1.01
China		Orgânico	3.20 - 4.50	1.45 - 2.04
		Convencional (terras altas 328)	2.76 -4.95	1.25 -2.25
EMENA & CA	**Egeu**	Orgânico	2.44 -2.60	1.11 - 1.18
	Egito	*Giza 86 (preço de 2011)	5.69	2.58
		*Giza 88 (preço de 2011)	6.81	3.09
		*Giza 90 (preço de 2011)	5.03	2.28
		Convencional Giza 90	2.95 - 4.78	1.34 - 2.17
	Quirguizistão	Orgânico	2.20 - 3.00	1.00 - 1.36
		Convencional	1.50 - 2.00	0.68 - 0.91
	Anatólia do Sudeste	Orgânico	2.13 - 2.26	0.97 - 1.03
		Convencional	1.75 -1.81	0.79 - 0.82
	Turquia	Orgânico	2.13 - 2.60	0.97 - 1.18
Ásia do Sul	**Índia**	Orgânico	1.75 - 3.82	0.79 - 1.73
		Convencional	1.66 - 3.82	0.75 - 1.73
América Latina		Orgânico	2.2 - 5.43	1.00 - 2.46

	Brasil	Orgânico	4.01 - 4.51	2.05
		Convencional	3.17	1.44
	Nicarágua	Orgânico	2.20	1.00
	Peru	Orgânico	4.35 - 5.43	1.97 - 2.46
		Convencional	2.83 -5.33	1.28 -2.42
EUA		Orgânico	1.98 - 5.29	0.90 - 2.40
		Biológico (terras altas)	1.98 - 4.56	0.90 - 2.40
		Convencional (terras altas)	1.76 - 4.63	0.80 - 2.10
		Orgânico (Pima)	5.29	2.40
		Convencional (Pima)	3.31	1.50

Fonte: Textile Exchange Farm and Fibre Report 2012* **Variedades de algodão egípcio**

O quadro acima baseia-se em dados que nos foram divulgados e mostra os preços do algodão biológico no país e uma comparação com os do algodão convencional em 2010-11. Os preços são o preço de comercialização da fibra biológica nesse ano e referem-se geralmente ao preço recebido por uma "organização" de produtores (ou seja, promotores de grupos de produtores, descaroçadores ou agentes), pelo que não reflectem o preço recebido pelos agricultores individuais.

b) Um olhar mais atento ao mercado indiano

O algodão poderia muito bem ter sido designado como a cultura rebelde do ano em 2010. O preço do algodão em 2010-11 pode ser descrito como volátil e dramático. A escassa oferta global foi uma das principais razões para este aumento sem precedentes, juntamente com a especulação.

O preço por algodão doce para Shankar 6 (1 doce = 355,6 kg de fibra) em 2010 subiu de₹ 28277 (563,51 USD) em abril de 2010 para₹ 59700 (1.189,50 USD) em março de 2011. Esta especulação extraordinária nos preços deveu-se também a um aumento dos preços internacionais do algodão de 194,18 cêntimos/kg em abril de 2010 para 506,34 cêntimos/kg em março de 2011 (Ministério da Agricultura). A Cotton Corporation of India considera que o fosso crescente entre a oferta e a procura é uma das principais razões para a subida dos preços, tendo indicado um preço de₹ 56000 (1 115,78 USD) por algodão doce em abril de 2011 para a referência Shankar 6. Alguns analistas são de opinião que o aumento do preço do algodão na Índia alimentou também o aumento dos preços internacionais.

I. Custos de produção - algodão biológico

O Central Institute of Cotton Research, de Nagpur, realizou um exercício para Maharashtra e estimou os custos actuais de cultivo com base em diferentes rubricas, tais como custos de mão de obra, fertilizantes e adubos, sementes, irrigação, proteção das plantas, juros e custos fixos. Os custos de produção são calculados por quintal e estimados em₹ 2966 (59,11 USD) por quintal (100 kg de algodão em caroço), o que equivale a um custo por kg de₹ 29,66 (0,59 USD) por kg para o algodão convencional. Utilizando este valor como referência, podemos assumir que os custos de produção do algodão biológico são de cerca de₹ 2508 (50 USD) por quintal de algodão em caroço, o que equivale a₹ 25,08 (0,50 USD) por kg de algodão em caroço. Isto representa um custo mais baixo para os sistemas de produção biológica, o que é de facto um incentivo. Mas este custo não tem em conta os custos de investimento iniciais e contínuos, as responsabilidades administrativas da certificação ou o valor acrescentado ecológico do produto. Agricultores biológicos empenhados e qualificados são capazes de combinar custos mais baixos com bons rendimentos, tornando assim a produção de algodão biológico uma opção preferida, particularmente em zonas muito pluviais na Índia.

II. Projecções - algodão biológico

No que se refere aos preços do algodão orgânico em 2011-12, ainda é cedo, pois as aquisições estão na fase final. Espera-se que a produção racionalizada de algodão orgânico na Índia conduza a um estreitamento entre as posições de oferta e procura, estabilize os mercados e a cadeia de abastecimento e contribua para tornar a produção de algodão orgânico uma opção atractiva, saudável e viável para milhões de produtores de algodão.

4.3.3 Os dez principais utilizadores de algodão orgânico

A lista de 2011 das dez principais marcas e retalhistas que utilizam algodão orgânico a nível mundial resulta dos resultados de inquéritos e entrevistas. Algumas empresas tiveram programas excepcionais que resultaram numa ligeira alteração das classificações dos anos anteriores. O ambicioso programa da H&M continua a manter a empresa na liderança, seguida pela C&A, que teve um ano excecional. Uma marca aumentou o seu volume em 100 por cento, com a maioria das marcas a oscilar em torno de um aumento de 30 a 50 por cento. Várias marcas reduziram os seus programas biológicos com base em mudanças para outras iniciativas de algodão e muito poucas cancelaram completamente os seus programas.

- **A H&M** continua a ser o maior utilizador de algodão orgânico certificado do mundo. Começaram a utilizar algodão orgânico em 2004 e, desde 2007, oferecem uma gama de vestuário 100% orgânico. Em 2011, aumentaram a utilização de algodão orgânico em quase 100 por cento, e o orgânico representa agora 7,6 por cento da sua utilização total de algodão. Este aumento, combinado com o crescimento futuro previsto da utilização de Better Cotton, significa que estão no bom caminho para atingir o seu objetivo de utilizar apenas algodão mais sustentável até 2020.

- **C&A Em** 2011, a C&A registou um aumento significativo nas vendas das suas peças de vestuário com etiqueta de algodão orgânico em toda a Europa. As vendas unitárias subiram de 26 milhões de artigos em 2010 para mais de 32 milhões em 2011, um aumento superior a 20 por cento. A proporção de produtos de algodão orgânico na gama global aumentou para cerca de 13%. No atual ano comercial, a C&A dará um passo ainda maior nas vendas de produtos de algodão orgânico. O seu objetivo é duplicar as vendas anuais para mais de 60 milhões de artigos de algodão orgânico. Este objetivo tinha sido inicialmente fixado para 2013, mas será agora alcançado um ano antes. Até 2020, todo o algodão utilizado no vestuário da C&A será proveniente de produção sustentável ou de agricultura biológica controlada .

- **A Nike** começou a incorporar conteúdo orgânico no seu vestuário em 1998. A maioria dos seus produtos contém três a cinco por cento de fibras orgânicas e também oferece uma linha 100 por cento orgânica. Embora três a cinco por cento possa não parecer significativo, tendo em conta o volume que a Nike está a produzir, os números são bastante grandes - mais de 16 milhões de libras de algodão orgânico em 2011. A Nike estabeleceu o objetivo de adquirir 100 por cento de algodão cultivado de forma sustentável (Better Cotton ou orgânico) até 2020.

Quadro 13: Os dez principais utilizadores de algodão biológico

S. Não.	2007	2008	2009	2010	2011
1	Walmart/Sam's Clube	Walmart/Sam's Club	C&A	H&M	H&M
2	Nike, Inc.	C&A	Nike, Inc.	C&A	C&A
3	Coop Suíça	Nike, Inc.	Walmart/Sam's Club	Nike, Inc.	Nike, Inc.
4	C&A	H&M	Williams-Sonoma, Inc.	Inditex (Zara)	Inditex (Zara)
5	Woolsworth's África do Sul	Inditex (Zara)	H&M	adidas	Malhas Anvil
6	Malhas Anvil	Malhas Anvil	Malhas Anvil	Fonte verde	Prana
7	Coop Suíça	Coop Suíça	Coop Suíça	Bigorna Malhas	PUMA

8	Fonte verde	Pottery Barn	Fonte verde	Objetivo	Williams Sonoma, Inc.
9	Levi Strauss & Co.	Fonte verde	Levi Strauss & Co.	Produtos de consumo Disney	Objetivo
10	Objetivo	hessnatur	Objetivo	Grupo Otto	Grupo Otto

Fonte: Relatório sobre a exploração agrícola e as fibras de 2012 da Textile Exchange

- **Inditex (Zara)** em 2011, a Zara comercializou 1,9 milhões de unidades de algodão 100 por cento orgânico de acordo com a norma OE100. A Zara também lançou um programa de algodão orgânico misturado em 2011 e juntou-se à BCI para aumentar as suas opções de fornecimento de algodão mais sustentável.

- **Anvil Knitwear** A Anvil oferece várias linhas de vestuário ecológico. O seu vestuário orgânico é fabricado com algodão orgânico certificado a 100 por cento e tem uma pegada de carbono 20 por cento inferior à do vestuário convencional. As camisetas e sacolas recicladas, feitas de algodão reciclado pré-consumo , são certificadas como livres de carbono pelo grupo ambiental Carbonrally. As t-shirts e os sacos de lã sustentáveis são fabricados com uma mistura de poliéster reciclado e algodão orgânico ou de transição.

- **Prana** Em 2011, 20 por cento dos produtos da Prana foram fabricados com algodão orgânico. Para além do algodão orgânico, mais 10% dos seus produtos foram fabricados com outros materiais sustentáveis.

- **Puma** Toda a equipa da Puma está a trabalhar para atingir o objetivo da empresa de ter 50% das suas colecções internacionais feitas de materiais mais sustentáveis até 2015. Em 2011, cerca de 16% do total de produtos de vestuário da PUMA eram feitos de materiais mais sustentáveis, como poliéster reciclado, algodão orgânico e algodão fabricado em África, o que prova que a empresa está no bom caminho para atingir este objetivo.

- **Williams-Sonoma** Em 2011, 12% dos produtos têxteis da empresa foram fabricados com algodão orgânico, tornando a Williams-Sonoma, Inc. um utilizador significativo de algodão orgânico entre os retalhistas de todo o mundo. A empresa introduziu produtos têxteis de algodão orgânico em 2007 e estabeleceu processos para aumentar a transparência na sua cadeia de abastecimento têxtil.

- **A Target** está empenhada em oferecer aos seus clientes uma variedade de opções de produtos sustentáveis. De 2010 a 2011, a Target integrou de forma constante o algodão orgânico na sua cadeia de abastecimento, e está constantemente a colaborar com fornecedores e organizações de todo o sector para ajudar a sobre novos materiais. Em

2011, tornou-se membro fundador da Sustainable Apparel Coalition e estabeleceu uma parceria com o National Resources Defence Council em colaboração com as principais fábricas para identificar oportunidades de reduzir o impacto ambiental do processo de fabrico de têxteis.

o **Grupo Otto** Sete empresas do Grupo Otto venderam uma quantidade total de 364 toneladas de algodão orgânico nos seus sortidos. O Grupo Otto tem como objetivo aumentar a quantidade de algodão orgânico processado para 450 toneladas até ao final de 2011.

4.3.4 Problemas de abastecimento

Pela primeira vez em 10 anos de recolha de dados, assistimos a um declínio acentuado na produção de algodão orgânico. A Índia, origem de quase 70% do nosso algodão biológico, registou a maior redução. Quatro razões principais estão na base desta queda:

o Uma crise na disponibilidade e pureza da oferta de sementes de algodão, resultado do crescente domínio do algodão OGM

o Incerteza económica contínua, que mantém os preços dos produtos de base em baixa e põe em risco a estabilidade dos agricultores

o Especificamente para a Índia, os requisitos mais rigorosos da Autoridade para o Desenvolvimento das Exportações de Produtos Alimentares Agrícolas e Transformados (APEDA) e dos seus serviços

o Uma mudança por parte de algumas empresas de programas estabelecidos, como o comércio orgânico e justo, para iniciativas mais recentes que oferecem uma barreira mais baixa à entrada sem preços justos associados às iniciativas

4.3.5 Projeção do crescimento do mercado

Calculámos um aumento de 19,4 por cento em libras de algodão com base nos dados comunicados pelos principais utilizadores de algodão orgânico em 2010 e 2011. Em seguida, previmos o uso de 2012 para o mercado (omitindo os dados de dois novos participantes porque eles não tinham dados de 2010), pegando o percentual de crescimento de cada empresa de 2010 a 2011 e aplicando-o às libras de algodão orgânico de 2011. A soma desta percentagem e a sua aplicação ao total de libras de 2011 resulta num aumento de 32%. Note-se que 69% do crescimento provém dos três principais utilizadores que comunicam dados. Podemos inferir que 32% seria um mínimo, assumindo que nenhum dos grandes utilizadores de algodão orgânico que comunicaram dados também aumenta a uma taxa semelhante. Embora o sortido de produtos e os preços de retalho sejam sempre variáveis na estimativa da dimensão do mercado, com base nas taxas de crescimento, as vendas a retalho de 2011 atingem um valor estimado de 6,8 mil milhões de dólares, ultrapassando a nossa estimativa no relatório do ano passado de 6,2 mil milhões de dólares. Se o crescimento continuar ao mesmo ritmo, o mercado atingirá os 8,9 mil milhões de dólares em 2012.

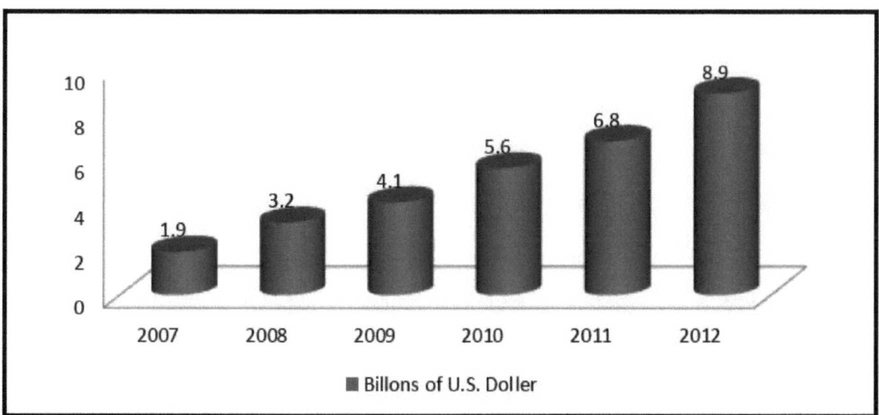

Figura 4: Vendas globais a retalho de produtos de algodão orgânico

Fonte: Relatório sobre a exploração agrícola e as fibras de 2012 da Textile Exchange

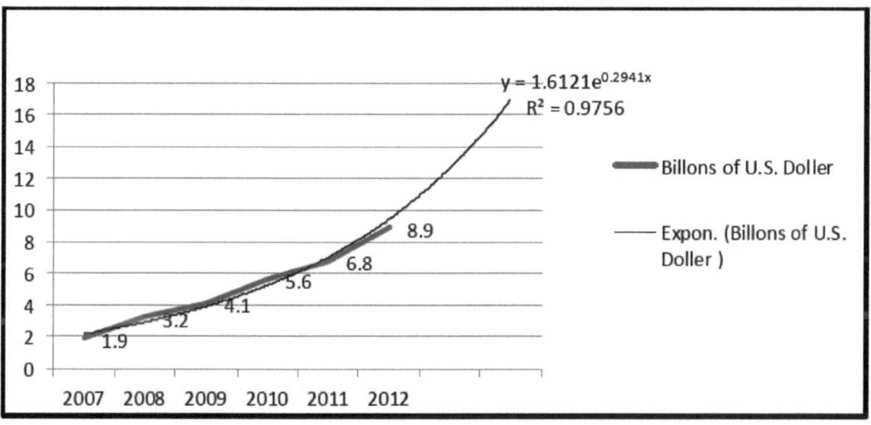

Figura 5: Taxa de crescimento das vendas mundiais a retalho de produtos de algodão orgânico

Fonte: Relatório sobre a exploração agrícola e as fibras de 2012 da Textile Exchange

O algodão biológico registou um desenvolvimento explosivo, passando de 38 000 t em 2005/06 para 242 000 t em 2009/10, ou seja, mais de seis vezes mais em apenas quatro anos. Em consonância com a redução das áreas de cultivo, a colheita de algodão também desceu para 151 000 toneladas em 2010/11. Para a atual época, prevê-se apenas uma ligeira descida para 143 000 toneladas. Por outro lado, o mercado está a crescer de forma constante. A maior parte das grandes empresas têxteis com uma gama de produtos ecotêxteis registou um crescimento de 30 a 50 % no ano passado e uma das empresas de 100 %. Os líderes do mercado mundial no sector do algodão biológico são a H&M, a C&A, a Nike, a Inditex (Zara), a Anvil Knitwear, a Prana, a Puma, a Williams-Sonoma, a Target e o grupo alemão Otto. As sete empresas do Grupo Otto processaram 364 t de algodão orgânico para a sua gama de têxteis ecológicos no exercício financeiro de 2010/2011.

A Índia tem uma forte posição competitiva no sector do algodão orgânico, como -

- A oferta de fibras é diversificada e está a aumentar
- Produtor número um de algodão orgânico
- A Índia já exporta algodão biológico para os mercados dos EUA e da Europa
- O interesse dos consumidores pelo conceito biológico está a aumentar e a sua vontade de comprar
- Posição competitiva em termos de custos
- O Organic Exchange está a fornecer uma plataforma ativa

Por conseguinte, a Índia tem uma enorme oportunidade de explorar o seu mercado de algodão biológico. Atualmente, os consumidores estão muito mais sensibilizados para os produtos biológicos e mostram o seu interesse em comprar produtos biológicos. A Índia pode tornar-se um local central para a venda de vestuário biológico no mercado internacional, bem como no mercado nacional. É necessário desenvolver um apoio aos agricultores e reforçar a sua capacidade empresarial.

4.4Visão geral das agências de certificação e seus serviços envolvidos no algodão orgânico na Índia e no exterior

medida que o mercado cresce, é essencial manter a confiança dos consumidores no termo "biológico". Estes exigem que a origem, o conteúdo e os processos de fabrico dos produtos cumpram normas de sustentabilidade.

A certificação proporciona um sistema abrangente para garantir o cumprimento de determinadas normas de produção e transformação biológicas. Autentica os produtos e aumenta a sua credibilidade. O processo de certificação inclui as seguintes etapas:

- Estabelecimento de normas

- Inspeção e verificação em relação a essas normas
- Certificação: reconhecer o produtor que cumpre com sucesso as normas

Hoje em dia, 481 organizações em todo o mundo oferecem serviços de certificação biológica e, atualmente, 69 países implementaram regulamentos sobre agricultura biológica e 21 países estão a elaborar um regulamento. A maioria das agências de certificação encontra-se na Europa, seguida da Ásia e da América do Norte. Os países com a maioria dos organismos de certificação são os EUA, o Japão, a Coreia do Sul, a China e a Alemanha.

4.4.1 Organismos de certificação do algodão biológico a nível mundial

Seguem-se os organismos de certificação aprovados, de acordo com a Global Organic Textile Standards (GOTS), que se ocupam da certificação de têxteis orgânicos e fornecem informações sobre diferentes serviços aos fabricantes ou aos seus clientes. O organismo de certificação presta os seus serviços de certificação com base num acordo assinado pelos requerentes e operadores e tem a responsabilidade final pela concessão, manutenção, extensão, suspensão e retirada de certificados.

1) CCPB (Certicazione e CotrolloProdottiBiologici Ltd.), Itália

2) Certificações da União de Controlo, Países Baixos

3) ECOCERT, França

4) ETKO (Organização de Controlo da Agricultura Ecológica), Turquia

5) ICEA (Istituto per la certificazioneetica e ambientsale), Bolonha

6) IMO (Instituto de Marketecologia), Suíça

7) OneCert, EUA

8) Oregon Tilth, EUA

9) Soil Association Certification Ltd., Grã-Bretanha

4.4.2 Organismos de certificação do algodão biológico em atividade na Índia

Trata-se de organismos de certificação acreditados no âmbito do PNPO (Programa Nacional de Produção Biológica):

1) Certificações da União de Controlo, Países Baixos

2) IMO Control Pvt. Ltd., Bangalore

3) OneCert

4) ECOCERT India Pvt. Ltd.

5) IndoCert, Índia

6) SGS, Suíça

7) APEDA

4.4.3 Normas indianas para têxteis orgânicos (ISOT)

A Índia, o maior produtor de algodão orgânico do mundo, está a preparar-se para ter a sua própria Norma Indiana para Têxteis Orgânicos (ISOT). A proposta única de venda (USP) desta norma é o facto de abranger o ciclo de vida da fibra de algodão, desde a colheita até ao vestuário.

"O principal objetivo do ISOT é manter a credibilidade do algodão orgânico na Índia, criar um sentido de responsabilidade social e, por último, mas não menos importante, a norma estende-se desde a colheita do algodão até ao vestuário", revela o Conselheiro do Organismo Nacional de Acreditação (NAB) para os Produtos Orgânicos - Dr. PVSM Gouri.

A GOTS começa na fase de transformação do algodão. Este facto não permite manter a rastreabilidade e a integridade dos têxteis biológicos. No caso da ISOT, começa desde a primeira fase da cultura do algodão até aos produtos finais em toda a cadeia de valor têxtil.

A ISOT foi incluída nas Normas Nacionais para a Produção Biológica (NPOP), que incluem normas para a produção e transformação biológica de culturas agrícolas e normas de certificação. Atualmente, o algodão biológico é produzido em 20 países de todo o mundo, em todos os continentes, especialmente em países como a Índia, a Síria, a Turquia, a China, os EUA e outros. A Índia é atualmente o maior produtor de algodão biológico entre todos os países produtores de algodão biológico.

A maior parte das fibras e dos têxteis orgânicos produzidos na Índia está a ser consumida por empresas de prestígio na Europa e nos EUA, como a C&A, a Nike, o Wal-Mart/Sam's Club, a Williams-Sonoma, a H&M, a Anvil Knitwear, a Coop Switzerland, a Green source, a Levi Strauss & Co.

Além disso, mais de mil empresas mais pequenas, bem como empresas com programas têxteis biológicos de menor dimensão, consomem e vendem produtos de algodão biológico. Neste contexto, a ISOT foi lançada em 30 de julho de 2012 para alargar a atual certificação dos produtos vegetais aos têxteis.

A Índia exportou 1417,82 toneladas métricas de algodão orgânico em pluma de abril de 2011 a março de 2012. Tendo em conta a procura crescente de têxteis orgânicos e para apoiar as iniciativas orgânicas da indústria têxtil indiana, o ISOT foi desenvolvido para dar um grande impulso à indústria têxtil, bem como aos produtores.

4.4.4 Cultivo de algodão biológico

Para cultivar o algodão orgânico, este deve cumprir os requisitos do GOTS (Global Organic Textile Standards), do USDA (United States Department of Agriculture) e do National Organic Programme (NOP), tais como

- As normas biológicas aplicam-se apenas à produção de fibra de algodão.
- As normas biológicas não se aplicam aos produtos finais.

Requisitos:

- Certificação por terceiros
- Pistas de auditoria
- Inspecções anuais
- Acreditação
- Cumprir a lista nacional de substâncias permitidas e proibidas
- Períodos de conversão definidos
- Plano de exploração sustentável

CAPÍTULO 5. CONCLUSÕES E RECOMENDAÇÕES

5.1 Conclusões

O estudo permite tirar as seguintes conclusões:

- A produção global de fibra de algodão orgânico foi de 151.079 toneladas métricas (mt) em 2010-11, o que representa 0,7% da produção global de algodão.
- A Índia é o principal produtor de algodão biológico, com 68% de quota (102 452 toneladas de fibra). Madhya Pradesh, Maharashtra, Gujarat e Rajasthan são os principais estados.
- Os resultados concluem que o cultivo de algodão em agricultura biológica é mais rentável do que a agricultura convencional (no Punjab, o custo médio de cultivo por acre de algodão foi de₹ 5427 e₹ 12455, respetivamente, em agricultura biológica e convencional. A diferença média entre os rendimentos líquidos por acre da agricultura biológica e da agricultura convencional foi de₹ 1935).
- Nas condições de Gujarat, os custos médios de cultivo por acre foram₹ 9906 e₹ 12088, respetivamente, na agricultura biológica e na agricultura convencional, sendo o custo de cultivo por acre quase 22% mais elevado na agricultura convencional.
- Utilizando uma referência, podemos assumir que os custos da produção de algodão biológico são de cerca de₹ 2508 (50 USD) por quintal de algodão em caroço, o que equivale a₹ 25,08 (0,50 USD) por kg de algodão em caroço. Isto representa um custo de cultivo mais baixo para os sistemas de produção biológica.
- A Índia exportou 1417,82 toneladas de algodão orgânico em pluma de abril de 2011 a março de 2012. A maior parte das fibras e têxteis orgânicos produzidos na Índia está a ser consumida por empresas de prestígio na Europa e nos EUA, como a C&A, a Nike, a Wal-Mart/Sam's Club, a Williams-Sonoma, a H&M, a Anvil Knitwear, a Coop Switzerland, a Green source, a Levi Strauss & Co.
- A estimativa das vendas a retalho de algodão biológico no ano passado foi de 6,2 mil milhões de dólares. Se o crescimento continuar ao mesmo ritmo, o mercado atingirá 8,9 mil milhões de dólares em 2012-13.
- As agências de certificação do algodão biológico estão a trabalhar em todo o mundo e na Índia com o objetivo de manter a credibilidade do algodão biológico no mundo e na Índia, criar um sentido de responsabilidade social e, por último, mas não menos importante, a norma estende-se desde a colheita do algodão até ao vestuário. Todas estão a trabalhar de acordo com as Normas Globais para os Têxteis Biológicos (GOTS).

5.2. Recomendações

Principais recomendações com base na análise:

- Verificou-se uma queda acentuada na produção de algodão orgânico (37%) devido à crescente crise das sementes, resultado de um domínio cada vez maior do algodão orgânico geneticamente modificado (OGM), à contínua incerteza económica, que faz baixar os preços, pondo em risco a viabilidade da cultura do algodão orgânico, e aos requisitos mais rigorosos de registo e rastreio na Índia. Por conseguinte, são necessárias medidas adequadas para ultrapassar estes obstáculos e ganhar ritmo de crescimento.

- A agricultura biológica é economicamente eficiente, mas a disponibilidade de biofertilizantes e biopesticidas é muito limitada. Necessidade de centros de distribuição destes factores de produção agrícola para minimizar os custos de cultivo.

- É necessária uma extensão adequada e a divulgação de informações para partilhar as vantagens do algodão biológico em termos ambientais, económicos e de sustentabilidade do solo. É necessário o apoio do governo e o lançamento de diferentes programas nacionais.

- Sobre a necessidade de introduzir uma norma indiana, quando existem outras certificações globais disponíveis, os produtos geneticamente modificados (GM) são proibidos na agricultura biológica e, uma vez que 95% das cinturas de cultivo de algodão na Índia cultivam algodão Bt, existe um enorme risco de contaminação do algodão Bt com o algodão biológico.

- Indian Standards of Organic Textile (ISOT) foi lançado em 30 de julho de 2012 para alargar a atual certificação de produtos vegetais aos têxteis e para mitigar o risco de contaminação do algodão Bt com algodão orgânico.

- A proposta de venda única (USP) desta norma abrangerá o ciclo de vida da fibra de algodão, desde a colheita até ao vestuário.

REFERÊNCIAS

Inquérito da Agrocel (2008), *Organic Cotton Framingin* India (Relatório do projeto), Agrocel Industries Ltd. Divisão de Serviços, a Agrocel faz parte da Excel Crop Care Ltd, Mumbai.

Dadhich, S. (2009). *Análise global do negócio dos têxteis orgânicos e visão geral dos organismos de certificação envolvidos nos têxteis orgânicos* (Relatório do projeto). Instituto de Gestão de Agronegócios, S.K. Rajasthan Agricultural University, Bikaner

Dubgaard, A. (1999).Economics of organic farming in Denmark.*The economics of organic farming - An international perspective,* Editado por Lampkin N.H e Padel S., CAB International Publishers

Inquérito FiBL (2008). *The World of Organic Agriculture -Statistics and Emerging Trends,* publicado pela IFOAM

John, Henning (2004). Economia da agricultura biológica no Canadá. *The economics of organic farming - An international perspective* , Editado por Lampkin, N.H., e Padel, S., CAB International Publishers

Kumara,Charyulu.D., e Subho, B. (2010).*Efficiency of organic input units under NPOF scheme in India* (Documento de trabalho). Instituto Indiano de Gestão, Ahmedabad

Lampkin, N.H. (1994). Organic farming: sustainable agriculture in practice. *The economics of organic farming - An international perspective*, CAB International, Oxon (UK)

Nageshara, R. (2009).*Study on organic business in India*(Project report).Institute of Agribusiness Management, S.K. Rajasthan Agricultural University, Bikaner.

Padel, S., e Uli, Z. (1994).Economics of organic farming in Germany.*The economics of organic farming - An international perspective,* Editado por Lampkin, N.H., e Padel, S., CAB International Publishers

RajKumar, A. (2009).Economics of organic vs. inorganic Carrot production in Nepal. *The Journal of Agriculture and Environment,* 10, 23-28

Shirsagar, K.G.(2008).*Impact of organic farming on economics of sugarcane cultivation in Maharashtra* (Documento de trabalho).Gokhale Institute of Politics and Economics, Pune

Tzouvelekas,V., Pantzios, C.J., e Fotopoulos, C. (2002).Empirical Evidence of Technical Efficiency Levels in Greek Organic and Conventional Farms.*Agricultural Economics Review,* 3, 49-60.

Printed by Books on Demand GmbH, Norderstedt / Germany